DE L'INFLUENCE DE L'HOMME

SUR LA

CRÉATION DES RACES

ANIMALES ET VÉGÉTALES

PAR

M. LE DR A. GILLET DE GRANDMONT

Membre associé au Jury international, Secrétaire adjoint de la Société impériale d'acclimatation.

EXTRAIT DE LA PUBLICATION SPÉCIALE SUR L'EXPOSITION UNIVERSELLE DE 1867
PAR LA SOCIÉTÉ IMPÉRIALE ZOOLOGIQUE D'ACCLIMATATION

PARIS
IMPRIMERIE DE E. MARTINET
RUE MIGNON, 2
1867

DE L'INFLUENCE DE L'HOMME

SUR LA

CRÉATION DES RACES

ANIMALES ET VÉGÉTALES

PAR

M. LE DR A. GILLET DE GRANDMONT

Membre associé au Jury international, Secrétaire adjoint de la Société impériale d'acclimatation.

PARIS

IMPRIMERIE DE E. MARTINET

RUE MIGNON, 2

1867

DE L'INFLUENCE DE L'HOMME

SUR LA CRÉATION DES RACES

ANIMALES ET VÉGÉTALES (1)

En tête d'une publicâtion sur la production animale et végétale, œuvre de talent et de science due au zèle des membres de la Société d'acclimatation, j'ai pensé qu'il ne serait peut-être pas sans intérêt d'indiquer sous l'empire de quelles influences l'homme crée, avec les animaux qui l'entourent, des races répondant, mieux que celles de la nature, à la multiplicité de ses besoins.

Armé d'instruments de son œuvre pour allonger la portée de ses sens, compter et décrire les infiniment petits, surprendre dans les infiniment grands leur cause et leur but final, par l'étude des grandes lois de la nature, l'homme s'élève et cherche à se rapprocher de son Créateur. Vain orgueil s'il

(1) Cette étude sert d'introduction à une publication de la Société impériale d'acclimatation : *La production animale et végétale. — Études faites à l'Exposition universelle.* Paris, 1867.

veut créer, il lui manquera toujours le souffle divin qui anime; louables efforts s'il cherche à compléter la somme des connaissances qu'il lui est donné d'acquérir sur la terre.

Nulle étude, à ce dernier titre, ne mérite plus de captiver l'attention du naturaliste que celle des lois qui président à la transformation des êtres.

J'aurais voulu pouvoir aborder dès aujourd'hui cette étude si ardue, si entraînante tout à la fois; l'autorité me manque, et je laisse à de plus capables le soin de résoudre les problèmes que je ne ferai qu'indiquer chemin faisant. Je vais donc, me réservant de poursuivre mes recherches sur ces intéressantes questions, parcourir, en tous sens et presque sans itinéraire, les domaines de l'histoire naturelle, ne songeant qu'à recueillir les faits propres à démontrer les propositions suivantes :

Les êtres vivants se modifient dès qu'ils sont au pouvoir de l'homme.

Les modifications des animaux sont capitales au point de vue des résultats, bien que portant d'abord et principalement sur les appareils les moins essentiels de l'organisme.

Les modifications subies par les animaux sont le résultat de forces que l'homme dirige à son gré.

J'aurai atteint mon but, si je puis, condensant en quelques pages les éléments de la zootechnie, faire entrevoir tout ce que l'acclimatation et l'élevage peuvent demander à cette science, pour l'importation des espèces exotiques et l'amélioration de nos races indigènes.

I

LES ÊTRES VIVANTS SE MODIFIENT DÈS QU'ILS SONT AU POUVOIR DE L'HOMME.

Aussi loin que nous puissions remonter dans le passé à l'aide des traditions écrites que les siècles ont conservées, nous trouvons nos animaux domestiques déjà soumis à l'homme et lui rendant, en partie, les services que nous leur demandons encore aujourd'hui.

Dans les hypogées égyptiennes dont quelques-unes, suivant l'opinion des savants, datent de soixante siècles avant notre ère, on trouve la représentation de scènes des champs. L'intérieur du temple égyptien de l'Exposition, reproduction fidèle d'une construction de plus de quatre mille ans d'existence, nous donne une idée de ces salles funéraires habilement décorées.

Les dessins que renferment les hypogées ont été d'un grand secours aux naturalistes pour la recherche du type primitif de nos races domestiques. Ils nous montrent, en effet, la vache de couleurs variées (témoignage d'une domestication déjà avancée), employée aux travaux agricoles, et conduite à l'aide d'une corde serrant la mâchoire inférieure, ou traite par un esclave qui lui a lié les pieds de derrière; tandis que le bœuf s'avance majestueusement, le cou orné de festons, vers le sacrificateur qui l'attend. Ils nous représentent aussi l'âne, encore rétif, tenu par la tête et la queue pendant qu'on lui pose le bât. Le cheval ne figure pas dans les dessins des premières dynasties égyptiennes ; ce ne fut, en effet, que plus tard qu'il fut appliqué aux travaux de la guerre. Cependant, de la lecture des plus anciens manuscrits chinois, il résulte que, deux mille ans avant notre ère, le cheval était déjà domestiqué dans la Chine.

On voit encore sur les murs des hypogées le profil de la chèvre et du mouton, celui du chien, qui est représenté par deux variétés ou races ; toutes deux ont les formes du lévrier ; mais l'une porte les oreilles droites, l'autre tombantes ; on voit généralement, dans cette dernière particularité, le signe d'une domesticité très-ancienne. Il est fort probable du reste que le chien est de tous les animaux celui qui, le premier, fut soumis à l'homme.

Les oiseaux de basse-cour sont aussi figurés sur les monuments égyptiens : les oies conduites en troupe et à la baguette, comme de nos jours ; les canards en liberté sur une pièce d'eau, où des esclaves les prennent à l'aide de rets. Beaucoup plus tard, du temps de Varon, 75 ans avant Jésus-Christ environ, le canard n'était pas encore domestiqué puisqu'au dire du *plus savant des Romains*, on ne le conservait qu'en tendant des filets au-dessus des étangs. Le pigeon est, le plus souvent, représenté enfermé dans des cages qui semblent destinées au marché (1).

Telles sont, relativement aux animaux domestiques, les traditions les plus anciennes et les moins capables de donner prise aux fausses interprétations.

Ainsi donc, dès les premiers temps de son histoire, l'homme avait rassemblé autour de lui les animaux les plus utiles, et déjà il avait su les modifier en partie. On comprend, dès

(1) M. Bourguin a donné, dans son *Rapport sur les animaux de l'antique Égypte*, une description très-exacte et très-complète de l'hypogée de l'Exposition.

lors, les difficultés sans nombre et les chances presque inévitables d'erreurs qu'ont rencontrées les premiers naturalistes à la recherche des types originels de nos animaux auxiliaires; puisque, partant de leur époque, ils se trouvaient en face des races les plus variées et les plus dissemblables dans leurs caractères, et que, remontant à l'antiquité, ils rencontraient encore des animaux tels que de leur temps il n'en existait plus à l'état sauvage.

Quoi qu'il en soit, les travaux de Geoffroy Saint-Hilaire (1) ont jeté un grand jour sur cette question ; et il est admis, avec ce savant zoologiste, que nous devons à l'Asie la majeure partie de nos races domestiques.

L'âne et le cheval viennent de l'Arabie, notre bœuf est celui des Égyptiens (2).

La chèvre et le mouton trouvent leur origine dans le bouquetin et le mouflon.

Le chien a pour père un chacal. Cette question a été l'objet de discussions longues et pleines d'intérêt : les uns voyaient dans le loup le type primitif du chien ; les autres le trouvaient dans le chacal. Geoffroy Saint-Hilaire défendait cette dernière opinion. En obtenant un produit fécond par l'accouplement du chien et du chacal, en apprivoisant ce dernier, en lui apprenant à aboyer, et en donnant au chien, par une nourriture exclusivement animale, l'odeur que l'on disait caractéristique du chacal, ce savant a répondu victorieusement aux objections que lui opposaient ses contradicteurs.

Mais revenons à l'influence de l'homme sur les animaux. Sans chercher dans l'antiquité des transformations que nous ne pouvons suivre pas à pas, étudions ces phénomènes à des époques beaucoup plus récentes; recherchons ceux qui ont

(1) Geoffroy Saint-Hilaire, *Acclimatation et domestication des animaux*. Paris, 1861.
(2) Les Égyptiens possédaient aussi le zébu.

lieu chaque jour, sous nos yeux, et qui, pour être trop communs, nous laissent indifférents.

L'agriculteur produit des races de bœufs pour le travail, pour la viande, de vaches pour le lait, de moutons pour la laine et la chair, de porcs pour la graisse, de chevaux pour le trait ou la selle. L'éleveur crée des races de chiens de très-haute taille ou de dimensions extrêmement petites, des races de lapins, de poules, de canards, etc. Mais tous ces animaux ayant pour souche des parents domestiqués et modifiés depuis longtemps déjà, je les laisserai de côté pour m'occuper d'animaux plus récemment importés dont les types originels se retrouvent encore vivants à l'état sauvage.

Parmi les oiseaux, nous trouverons des exemples d'un haut intérêt. Le serin des Canaries, introduit en Europe dans le milieu du xve siècle, était originairement d'une couleur verdâtre tachée de brun. Aujourd'hui, il est représenté par un grand nombre de races basées sur la couleur du plumage, la forme du corps ou la puissance du chant. La race dite de Hollande se caractérise entre toutes par son corps allongé, porté sur de longues pattes, et par sa voix mélodieuse qui module avec une justesse et une précision remarquables.

Le dindon, dont l'importation attribuée aux jésuites remonte au commencement du xvie siècle, a tout à la fois, dans nos basses-cours, pris plus de volume et perdu une partie de l'éclat de son plumage.

Le biset (*Columba livia*) a conservé dans nos colombiers la livrée qu'il portait à l'état sauvage; et cependant à côté de lui, on voit les pigeons les plus dissemblables. Les uns ont un volume considérable, les autres sont des miniatures d'oiseaux; l'un a les pattes recouvertes de plumes, l'autre porte un jabot sous le cou, un capuchon sur la tête; celui-ci a la queue redressée et ouverte comme celle d'un paon, cet autre les ailes plus longues que le corps à la façon des hirondelles. Malgré leurs caractères opposés, toutes ces races doivent être rapportées au biset.

Les poissons eux-mêmes ont subi des modifications qui, parfois, sont devenues le point de départ de races ou de variétés nouvelles. La *carpe miroir*, qui diffère de la carpe ordinaire par la seule absence d'écailles sur certaines portions du corps, constitue une race fixe. Le cyprin doré, dont l'éducation est, chez les Chinois, l'objet de soins tout particuliers, acquiert, par transposition ou multiplication des nageoires, des difformités que transmet l'hérédité.

Les abeilles italiennes (*Apis ligustica*) ont le ventre d'un brun fauve beaucoup moins foncé que les abeilles françaises (*Apis mellifica*); toutes cependant sont sorties d'un même type.

Le papillon du ver à soie, abâtardi par la domestication, est condamné à ne jamais connaître l'usage de ses ailes. Trois éducations successives en plein air ont suffi, cependant, ainsi que l'a démontré M. Martins, de Montpellier, à rendre le vol au mâle du bombyx du mûrier.

Si nous voulions poursuivre nos recherches jusque dans le règne végétal, nous trouverions dans chaque espèce potagère un nouveau témoignage de l'influence de la culture sur les végétaux.

Ces exemples démontrent d'une façon irrécusable que l'homme, en cultivant les végétaux, change leur habitude extérieure, leur saveur, leurs propriétés, en imposant sa domination aux animaux, les oblige à revêtir la livrée qu'il lui plaît, à modifier la forme de leur corps et leur instinct naturel. Nous verrons bientôt que s'il exige tant de sacrifices des êtres qui l'entourent, ce n'est pas seulement pour qu'ils récréent sa vue, mais souvent aussi pour qu'ils l'aident à lutter contre les premiers besoins de la vie.

II

LES MODIFICATIONS DES ANIMAUX SONT CAPITALES AU POINT DE VUE DES RÉSULTATS, BIEN QUE PORTANT D'ABORD ET PRINCIPALEMENT SUR LES APPAREILS LES MOINS ESSENTIELS DE L'ORGANISME.

La nature, en confiant à l'homme les animaux de la création, a placé en eux, à côté de l'instinct de conservation. la force de *résistance* qui lutte contre la rigueur des influences nuisibles externes. Je m'explique : un animal vivant sous une basse latitude n'est pas plutôt transporté dans une région plus froide, que son corps se couvre de poils plus longs ; placé en face d'aliments qu'il ne connaît pas, l'instinct de conservation l'oblige à les accepter, tandis que, en vertu de la *loi de résistance*, son tube digestif tend à se mettre en harmonie avec le nouvel aliment qui lui est offert. Ce que je dis ici des animaux est encore vrai des végétaux, de sorte que l'on peut admettre d'une façon générale que, sous peine de périr, les êtres organisés doivent subir des mutations dans leur disposition anatomique et dans leurs fonctions physiologiques pour s'adapter aux conditions diverses d'existence auxquelles ils sont soumis.

C'est ce que Geoffroy Saint-Hilaire exprime en disant : « Les caractères des êtres organisés, fixes pour chaque espèce tant qu'elle se perpétue au milieu des mêmes circonstances, se modifient si les circonstances ambiantes viennent à changer. »

« Outre les causes qui agissent sur eux, dit aussi F. Cuvier, tous les animaux se développent sous l'influence des causes qui sont hors d'eux et qui ont la puissance de les modifier dans des limites plus ou moins étendues. Les modifications qu'ils éprouvent par là tendent à les mettre en harmonie avec les circonstances au milieu desquelles ils vivent, et sous ce point de vue, il est peu de phénomènes qui méritent à un plus haut degré l'attention des naturalistes. »

J'aurai souvent occasion de citer de nombreuses applications de la *loi de résistance*, je ne m'y arrêterai donc pas davantage en ce moment.

Dans les modifications que subissent les animaux, ce sont toujours les organes qui ont le moins d'influence sur la vie qui sont les premiers atteints.

Quelquefois cependant, les organes qui nous servent à caractériser une espèce sont eux-mêmes touchés, mais ce n'est qu'accidentellement, et l'on ne doit voir dans ce fait qu'un nouveau témoignage de l'imperfection de nos moyens de classification et de la méthode que nous suivons dans l'étude des sciences.

Les modifications portent d'abord sur la coloration et la nature des téguments, sur la quantité de tissu adipeux, puis sur les dimensions en général, enfin sur les organes internes et sur les os.

Tout animal élevé en domesticité n'est pas fatalement condamné à passer par cette série d'altérations; l'homme, à son gré, peut diriger l'action de ses moyens dans tel ou tel sens, engraisser cet animal, grandir les proportions de celui-là, changer en laine le poil de l'un, en poil la laine de l'autre, etc. Ces modifications qui semblent si peu importantes au premier abord sont, pour l'anatomiste et le physiologiste, l'objet d'études d'un grand intérêt. Là où l'on ne voit vulgairement que la naissance ou la chute d'un poil, ils découvrent que tout un appareil composé de glandes, de vaisseaux, de nerfs, s'est développé ou atrophié en même temps que le bulbe pileux.

Quand l'anatomiste mesure le tube digestif de notre chat domestique, il le trouve plus long que celui du *Felis maniculata* dont Étienne Geoffroy Saint-Hilaire a découvert des momies en Égypte et qui est la souche de notre race actuelle. Le physiologiste, à son tour, donne l'explication de cet allongement. En acceptant des aliments en partie de nature végétale, le chat a introduit dans ses voies digestives des matières plus difficilement assimilables; son intestin, pour répondre aux besoins de nutrition de l'organisme, a dû (comme un grand industriel qui, pour satisfaire aux demandes des acheteurs, augmente son personnel de travailleurs) multiplier sa surface et par conséquent les bouches absorbant au profit de l'économie les sucs nourriciers de la digestion.

Les modifications du genre de cette dernière sont, avec celles des os, les plus importantes qu'il ait été donné d'observer ; et l'on ne doit pas espérer les voir s'étendre plus loin, à cause de la *loi de fixité* de l'espèce qui lutte sans cesse contre la domestication et ses exigences.

Fixité de l'espèce. — L'étude des phénomènes naturels nous fournit en foule les preuves de la fixité de l'espèce.

La paléontologie, cette science qui reconstitue la faune et la flore des époques antérieures à la nôtre, a classé en trois groupes les êtres qu'elle a décrits. Dans le premier elle range ceux qui n'existent plus de nos jours; dans le second ceux qui ne se rencontrent plus vivants dans les régions qu'ils ont habitées autrefois; dans le troisième ceux qui vivent encore sur le même sol. Ce dernier groupe fournit les meilleurs exemples de la fixité de l'espèce.

Agassiz, par l'étude qu'il a faite des îles voisines de la Floride et de cette presqu'île elle-même, nous a montré que ces masses émergentes étaient dues à des polypiers. Suivant le calcul du célèbre naturaliste, il a fallu au moins deux cent mille ans à ces animaux inférieurs pour constituer de semblables surfaces habitables.

La botanique nous offre des arguments non moins concluants : M. de Quatrefages, dans son livre sur *l'unité de l'espèce humaine*, ouvrage remarquable que j'ai consulté avec fruit, cite, d'après M. Decaisne, un exemple de la fixité de l'espèce végétale remontant à une époque antérieure aux dernières transformations du globe.

Dans des travaux de terrassement aux environs de Dôle, les sables du diluvium furent remués, et l'on vit, non pas sans étonnement, à mesure que ceux-ci arrivaient au contact de l'air, apparaître un petit gaillet, plante rare dans la localité ; sa multiplication dans cet endroit provenait de graines qui, depuis des siècles, avaient conservé leurs facultés germinatrices. Ce gaillet n'est autre que le *Galium anglicum*, qui se trouve si communément dans les lieux secs, aux environs de Paris.

Dans les hypogées, on a recueilli des débris de végétaux qui présentaient tous les caractères de ceux que nous possédons aujourd'hui. A l'aide des pains qu'on y a même découverts, nos botanistes ont pu s'assurer que l'orge, dont les Égyptiens se servaient, était en tout semblable à celle que nous cultivons.

Par le nombre des couches qui constituent le tronc des arbres, on peut apprécier d'une façon très-approximative l'âge des végétaux (une couche correspondant à une année de végétation). Dans nos forêts, on a signalé des chênes dont le diamètre dépassait 4 mètres ; leur existence remontait à douze cents ans. Sur un échantillon de *Sequoia gigantea*, présenté récemment à notre Société, on comptait 1245 couches. Adanson a mesuré au cap Vert un baobab de 22 mètres de circonférence; il estime que cet arbre avait vécu plus de cinq mille ans; un autre Sequoia gigantesque de Californie a offert jusqu'à 6000 couches; il était donc contemporain des premières dynasties égyptiennes.

On voit par là que si les êtres subissent les influences des conditions de toute nature dans lesquelles ils sont placés, la grande *loi de fixité* de l'espèce tend à les ramener au type primitif. Il faut donc que l'homme intervienne sans cesse pour conserver ses races domestiques.

L'étude de cette influence humaine dominatrice et de ses moyens d'action conduit à poser les lois de la zootechnie, mais nous ne ferons ici que les indiquer.

III

LES MODIFICATIONS SUBIES PAR LES ANIMAUX SONT LE RÉSULTAT DE FORCES QUE L'HOMME DIRIGE A SON GRÉ.

Les forces dont l'homme dispose vis-à-vis des êtres qu'il veut soumettre à son empire sont au nombre de quatre :

1° *L'hérédité;*
2° *Les milieux;*
3° *La nourriture;*
4° *Le travail.*

Nous allons successivement chercher à faire comprendre l'action de chacune d'elles.

Hérédité. — Par hérédité, nous désignons la disposition organique que les parents transmettent à leurs enfants par voie de génération.

Les travaux récents de l'embryogénie, et plus particulièrement les recherches du savant professeur Coste, ont établi que dès sa première forme, c'est-à-dire celle de l'œuf, le produit se trouve composé d'éléments issus de l'un et de l'autre de ses parents, et réunis dans la membrane vitelline de l'œuf. « Libres, d'y obéir à l'impulsion de leur affinité réciproque, ces éléments, sous l'empire de cette tendance, s'y confondent en une seule et même substance qui, remaniée et repétrie par la segmentation dans le champ clos de ce laboratoire vivant, s'y transfigure en un organisme nouveau, image combinée des parents dont il émane, représentation visible ou latente de leur nature physique, don précieux ou funeste, héritage de force ou de faiblesse, de santé ou de maladie, suivant que le mélange provient de source pure ou de source viciée.

» Ce pouvoir de transmission va si loin, que les matériaux renfermés dans l'œuf de certaines espèces (truites saumonées) portent déjà, avant même qu'il y ait trace de développement, la même nuance de coloration que la chair de la variété de race dont ils sont le produit. Or, s'il en est ainsi à propos d'une simple et fugitive coloration de substance, que doit-on supposer lorsqu'il s'agit de l'une de ces altérations organiques profondément invétérées? Redoutable problème, sur lequel la science a le devoir d'appeler l'attention des hommes, afin d'éveiller en eux le sentiment de leur responsabilité. Elle les convie à tenir compte des convenances physiologiques dans le choix de leurs alliances (1). »

Ces lignes expriment beaucoup mieux que je ne l'aurais pu faire moi-même la gravité des conséquences qu'entraîne l'hérédité chez l'homme.

L'observation nous enseigne, en effet, que les parents transmettent à leurs enfants non-seulement les formes extérieures du corps, les aptitudes intellectuelles, les prédispositions pathologiques, mais même les difformités dont eux-mêmes sont victimes. M. de Quatrefages cite à cet égard des exemples frappants (2). Sans nous arrêter à l'histoire d'Edward Lambert,

(1) Coste, *Histoire du développement des corps organisés*, 3e partie, p. 108.
(2) A. de Quatrefages, *Unité de l'espèce humaine*, p. 209.

1717, l'homme à la carapace de porc-épic, qui nous semble offrir l'exemple d'une affection cutanée héréditaire et mal connue à cette époque, nous reproduirons celle de Colbrun. L'aïeule du calculateur avait six doigts à chaque main et six orteils à chaque pied. Mariée avec un homme bien conformé, elle eut trois enfants dont deux polydactyles; quatre sur cinq à la troisième génération présentèrent le même vice de conformation, et quatre sur huit à la quatrième; l'observation n'a pas été suivie plus loin.

L'influence de l'hérédité est également manifeste chez les animaux, soit que les qualités des parents aient été acquises ou transmises par croisement ou sélection.

Vit-on jamais des chevaux normands engendrer un poulain qu'on aurait pu confondre avec le cheval d'Algérie, un bœuf charolais naître d'un couple breton?

M. Knight a établi que les aptitudes morales acquises se transmettent par voie d'hérédité; plus particulièrement, par des expériences suivies, il a démontré que les chiens chassent de race.

Comme pour l'espèce humaine, l'hérédité doit être, en zootechnie, le sujet d'études sérieuses; la gravité des alliances ressort de plus d'un fait : la jument qui a subi une seule fois les approches d'un âne transmet à ses produits les traces indélébiles de la mésalliance maternelle; la même expérience peut être répétée chaque jour chez la chienne, chez la poule; cependant il s'agit dans ce cas, contrairement à ce qui avait lieu pour la jument, d'un croisement de race à race.

De ces observations ne doit-on pas tirer un grand enseignement : éviter les accouplements impurs et rechercher ceux qui peuvent donner aux produits des qualités plus précieuses.

Les agronomes et les horticulteurs savent que les graines reproduisent les qualités des plantes dont elles émanent; il est bien entendu qu'il ne s'agit pas ici des végétaux dont on modifie les fruits par l'ente et la greffe. Quand un végétal, longtemps multiplié par bouture, marcotte, etc., devient sujet à des maladies, on a recours au semis pour lui rendre la force et la vigueur.

N'est-ce pas comme si l'on demandait à l'hérédité de reconstituer une race saine et vigoureuse.

Milieux. — Sous le nom de milieux, nous désignons l'ensemble des conditions météorologiques qui peuvent agir sur les êtres organisés. On comprend dès lors toute l'influence que le climat est appelé à jouer dans les modifications subies par les espèces animales et végétales. « Chaque individu, en effet, dit Geoffroy Saint-Hilaire, présente un ensemble de conditions biologiques en harmonie avec les conditions physiques du pays qu'il habite. » M. de Quatrefages a soutenu avec non moins de talent que de science la thèse des influences de milieu sur la formation des diverses races humaines. Il est juste toutefois de faire remarquer que ce savant attache au mot milieu un sens plus étendu que nous, puisqu'il comprend en outre, sous ce nom, la nourriture et les habitudes des êtres. C'est pour céder aux influences extérieures et pour mieux résister à la destruction, but final de leur action, que l'homme, primitivement blanc, a pris, suivant M. de Quatrefages et d'autres naturalistes, les teintes variées des diverses races.

D'Orbigny, dans son *Voyage dans l'Amérique méridionale*, parle des Quichoas des hauts plateaux des Cordillères, dont les poumons, considérablement augmentés de capacité, compensent, par la quantité, la faible densité de l'air qu'ils reçoivent.

En dehors des modifications de coloration de la peau et de développement d'organes, l'homme est victime, sous l'influence des milieux, d'accidents qui, bien qu'individuels, se transmettent quelquefois à toute une génération; tel est le crétinisme des gorges du Valais, des Pyrénées, des Carpathes, de l'Oural, du Thibet, des Cordillères, etc.

Chez les animaux, les milieux ont une influence non moins appréciable: il suffit que l'homme transporte des animaux dans une région différente de celle qu'ils habitaient, pour que ceux-ci, se modifiant peu à peu, s'accommodent au climat, à la température, aux variations atmosphériques.

Dans son remarquable travail sur les races importées par les Européens en Amérique, M. Roulin a démontré que le développement du système pileux est en relation immédiate avec le climat. En descendant les Cordillères, les premiers bœufs que l'on rencontre ont un pelage très-épais; ceux qui viennent ensuite sont moins couverts; enfin ceux de la plaine sont quelquefois complétement nus. Nous avons eu souvent l'occasion d'observer que les chèvres du Thibet échangent en France contre un poil jarreux et grossier le fin duvet qui les couvre dans leur pays.

C'est en mettant en œuvre l'influence du climat que les Chinois sont parvenus à créer leur race de chiens nus, dont les dernières expositions nous ont présenté de nombreux exemples.

Les poussins qui naissent dans les régions chaudes sont dépourvus du duvet qui, chez nous, les préserve du froid à leur sortie de l'œuf. Au Japon, les plumes sont remplacées par une sorte de poils fins et soyeux, dans la race des poules dites *de soie* (1).

Les faits suivants nous donnent des exemples de l'influence du milieu sur la manifestation plus ou moins tardive, plus ou

(1) Nos basses-cours possèdent aujourd'hui la race des poules de soie.

moins fréquente de certains phénomènes physiologiques. L'oie d'Égypte, introduite en France par Geoffroy Saint-Hilaire, ne tarda pas à se reproduire, comme elle en avait l'habitude, au renouvellement de l'année ; mais la rigueur de nos hivers empêcha l'éclosion ; peu à peu le moment des pontes fut reculé, et aujourd'hui c'est avec un plein succès que l'incubation se fait au mois d'avril.

« Lorsque les animaux vivent à l'état sauvage, dit M. Coste, occupés sans cesse du soin de leur propre conservation, souvent exposés à l'intempérie des saisons, ne pouvant pas toujours se procurer une nourriture suffisante, les fonctions de leurs ovaires ne s'accomplissent qu'à de rares intervalles. Mais quand ils viennent chercher un abri dans nos demeures et y trouver toutes les conditions favorables que la domesticité leur procure, la maturation des œufs peut, sous cette nouvelle influence, devenir assez fréquente pour que, chez certaines espèces, la ponte soit presque quotidienne.

» Le pigeon sauvage, qui ne dépose ses œufs qu'une ou deux fois par an, tant qu'il reste soumis aux conditions de la vie errante, niche sept ou huit fois lorsqu'il fixe sa demeure dans nos colombiers. Il y a même des races de cette espèce dont les petits sont à peine éclos que déjà une nouvelle ponte commence ; en sorte que ces animaux sont obligés de partager leurs soins entre les jeunes d'une première et ceux d'une seconde génération.

» Les poules domestiques qui habitent nos étables cessent de pondre lorsqu'elles commencent à couver ; celles, au contraire, dont on a la précaution d'enlever les œufs à mesure qu'elles les déposent, peuvent, si on leur donne une nourriture appropriée, pondre presque tous les jours et durant huit mois de l'année.

» Le lapin des champs n'a pas plus d'une ou deux portées par an, tant qu'il vit en liberté ; mais quand il est réduit à l'état domestique, il se reproduit jusqu'à sept fois, pourvu qu'on ait le soin de sevrer ses petits en temps opportun ; il est probable qu'il pourrait se reproduire plus souvent encore, si, au lieu d'attendre que ses petits soient assez développés pour se passer des soins de leur mère, on les éloignait au moment même de la naissance.....

» ..... En un mot, il y a des époques naturelles pour la maturation et la chute des œufs, comme il y en a d'autres que l'on pourrait appeler artificielles, parce qu'il est possible de les provoquer à l'aide des agents extérieurs dont l'expérience a montré l'efficacité. Au nombre de ces agents, on peut citer les conditions d'abri, de température, l'abondance et la qualité des aliments.....

» ..... A ces causes s'en ajoute une des plus activement accélératrices de la déhiscence : je veux parler de la cohabitation des mâles parmi les femelles..... Les sollicitations auxquelles celles-ci seront incessamment soumises provoqueront le retour d'un état qui, en l'absence de cette excitation, aurait été beaucoup plus lent à venir (1). »

Les poissons subissent aussi d'une façon très-notable l'influence des milieux : la carpe ne prospère pas dans les eaux froides ; les œufs du saumon éclosent en quarante ou cinquante jours dans nos eaux, et prolongent pendant cent vingt jours, sous les climats froids, la période de leur évolution ; ceux de la truite saumonée perdent leur coloration caractéristique lorsqu'ils sont déposés dans des rivières peu propices au saumonage.

(1) Coste, *op. cit.*, 1re partie. p. 224 et suivantes.

Il suffit de signaler l'influence des milieux sur la production végétale, pour que l'esprit en mesure tout de suite l'importance. Dans nos climats, le blé ne donne qu'une récolte par an; il en produit deux en Égypte. Tandis que l'orge se développe en cinq mois sous la zone tempérée, elle opère son évolution complète en deux mois dans la Laponie et la Finlande; ce phénomène tient à la chaleur non interrompue développée dans ces contrées par la longueur des jours comparée à la brièveté des nuits de juin et juillet. Sous notre climat, le blé semé en automne mûrit trois fois plus lentement que celui qu'on confie à la terre à l'époque du printemps.

Certains bourgeons sont entourés d'une substance duveteuse qui doit les préserver de l'action du froid; rudimentaire sur l'arbre des pays chauds, ce duvet augmente d'autant plus que le végétal est plus éloigné des régions équatoriales.

Nourriture. — On a souvent comparé l'organisme végétal et animal à un laboratoire de chimie où les aliments se transforment tantôt en tissus ligneux ou en sucs végétaux; tantôt en muscles, os, cornes, plumes, etc.; la comparaison est juste à condition de tenir compte du principe vital qui domine toutes les combinaisons et transformations organiques. Sans le principe vital, où donc serait la différence entre un œuf fécondé et celui qui n'a pas reçu l'influence du phénomène qui donne la vie.

« Quelle variété de produits est fournie par ce laboratoire vivant, dit M. Richard, du Cantal ! Rien n'est plus curieux, plus capable de stimuler nos méditations et de provoquer les recherches des physiologistes, que les produits si variés et si nombreux fabriqués par les animaux. Là, c'est un acide; ici, un alcali pour une opération de chimie; ailleurs, c'est un poison qui sert de moyen de défense à l'animal, comme au najas, au crotal, au trigonocéphale, etc.; ou une substance que rien n'égale en douceur comme le miel. Le castoréum est fabriqué par le castor, le musc par un chevrotain, et la civette par l'animal qui porte le même nom.

» L'abeille fabrique le miel d'un côté et le venin de l'autre, et la nature l'a pourvue d'un aiguillon, d'une *lancette* pour inoculer son ennemi. Les araignées font les fils dont elles tissent leur toile, et la soie sort toute filée de la filature d'une chenille. L'escargot, l'huître, la tortue, fabriquent leur maison qui leur sert en même temps d'habillement; le porc-épic, le hérisson, sont armés de manière à défier leurs ennemis, leur corps est un faisceau de lances divergentes qui sont fabriquées par leur peau.

» Mais ce n'est pas seulement chez les animaux qu'on observe ces variétés de produits, les végétaux en fournissent aussi des exemples: la ciguë, la renoncule, le sumac vénéneux, le mancenillier, etc., fournissent du poison avec les mêmes éléments qui servent à produire les fruits les plus exquis à d'autres végétaux, tels que l'ananas, le bananier, le prunier, etc. Un pin fabrique la résine à côté d'un frêne qui produit la gomme, l'ellébore vireux pousse à côté du pêcher, le pavot à côté du café, d'un cep de vigne; et quelles différences dans ces diverses substances pour les usages que nous en faisons (1)! »

L'influence de la nourriture sur la production des races, et par conséquent sur les modifications que les animaux peuvent subir, se démontre facilement.

(1) A. Richard, du Cantal. *Étude du cheval de service et de guerre*, p. 16.

A certaines alimentations correspondent chez l'homme des affections spéciales. La goutte, la gravelle, semblent le propre des gens qui se livrent à la bonne chère. Par contre, une nourriture substantielle et réglée développe le système musculaire. Lors de la première construction des chemins de fer en France, nos ingénieurs, peu secondés, dans leurs travaux, par nos ouvriers, firent venir d'Angleterre les terrassiers qui avaient travaillé aux voies ferrées de leur propre pays. On ne tarda pas à reconnaître que ces hommes accomplissaient dans leur journée une tâche notablement plus pénible que celle des ouvriers français; en recherchant la cause de cette différence, on la trouva dans la nourriture presque exclusivement végétale des Français, qui ne mangeaient de viande qu'une fois la semaine, tandis que les Anglais faisaient usage de cet aliment au moins une fois par vingt-quatre heures. Tous les efforts tentés pour amener l'ouvrier français à prendre une nourriture plus substantielle furent vains, et l'on se vit obligé de pourvoir à ses repas; dès lors le travail des journées ne présenta plus de différences.

En passant aux animaux on voit que pour le cheval de labour, de roulage et de tous les travaux où la force, sans la vitesse, est exigée, le foin est la principale nourriture, tandis que l'avoine est presque exclusivement celle des chevaux d'attelage, de course et de chasse.

Quant aux moutons, ne sait-on pas que les races de montagnes broutent une herbe délicate et sèche qui tend à donner à leur laine de la finesse, de la douceur et de l'éclat, et à leur viande une saveur toute particulière.

Quelle expérience peut mieux démontrer l'influence de la nourriture chez les animaux que la coloration observée sur les os des fœtus de cochons nourris avec la garance?

Chez les oiseaux, l'aliment joue un rôle non moins important. Dans les grands centres séricicoles, on a l'habitude de donner aux poules les chrysalides tuées pour le dévidage; les œufs que pondent ces gallinacés contractent un goût répugnant qui leur ôte toute valeur.

M. Richard, du Cantal, raconte qu'en Algérie, nourrissant des canards avec les débris d'une tuerie, il a vu ces animaux acquérir tout leur développement en vingt ou vingt-cinq jours.

Par l'obscurité dans laquelle on plonge les oies et les canards, et les conditions d'immobilité dans lesquelles on les place, en même temps qu'on oblige leur appareil digestif à fonctionner outre mesure, on détermine, dans leurs organes, des transformations de tissu telles qu'elles ne tarderaient pas à faire périr les animaux, si l'homme, pour jouir du fruit de sa barbarie, n'immolait ces volatiles avant que l'obésité pathologique qu'il a développée chez eux les ait tués.

C'est en obligeant les organes de digestion des poulets et des dindons à un travail analogue et excessif, tel que celui de digérer jusqu'à trente noix en un jour, qu'on amène ces oiseaux à acquérir l'embonpoint qui fait leur prix.

Les modifications peuvent encore porter uniquement sur le système osseux.

J'élevais de jeunes merles pris dans un nid. Sous l'influence d'une nourriture privée de calcaire ces animaux grossissaient à vue d'œil; mais, quoique semblant prêts à s'envoler, ils ne sortaient pas encore du nid. Un examen attentif me fit reconnaître un cas de rachitisme développé sous l'influence de la nourriture; les os en effet étaient déformés et flexibles. Je n'en continuai pas moins cependant la même alimentation; les oiseaux se développèrent encore, mais ne marchèrent toujours pas. Enfin, sous l'influence d'une pâtée végétale et même minérale, car j'avais eu soin d'ajouter des fragments de craie, je vis bientôt, avec satisfaction, mes jeunes merles sortir du nid, se tenir sur leurs pattes et se percher. Leurs os s'étaient consolidés. Mais le moment était venu de mettre fin à l'expérience; les oiseaux furent sacrifiés. Leur squelette apparut consolidé, mais déformé. Le rachis était voûté et dévié latéralement; les os des membres étaient courbés. Ces pièces anatomiques très-dignes d'intérêt furent conservées dans le musée de notre regretté maître, l'illustre professeur Rayer, dont je préparais alors le cours de médecine comparée (1).

Ces recherches expérimentales et leurs conséquences ne pourraient-elles servir à expliquer la formation de certaines races, entre autres celle des chiens bassets à jambes torses? En présence de ce chien au corps volumineux porté sur des pattes basses et tordues, je me suis souvent demandé si cette race ne serait pas due à la transmission par hérédité des difformités d'un père rachitique.

Mais laissons de côté les exemples tirés de la pathologie pour revenir à ceux que présentent les animaux sains et bien portants; les gourmets savent parfaitement nous désigner l'époque à laquelle tel gibier est plus agréable au goût, parce qu'ils connaissent exactement sa nourriture de chaque saison.

Chez les poissons, une expérience récente a démontré tout l'empire de l'homme sur ces animaux, qui, jusqu'à ce jour, avaient semblé devoir échapper à l'action de ses moyens. Dans le vivier-laboratoire de Concarneau (petite mer en miniature). si propre aux recherches scientifiques, construit

(1) Chossat avait déjà produit le rachitisme chez les animaux, en les soumettant à une diète prolongée.

sous la direction du savant professeur Coste, et déjà illustré par les travaux de nombreux naturalistes, nous avons eu occasion de voir des poissons nourris artificiellement modifier la forme de leur corps pour satisfaire, d'une part, aux exigences de l'engraissement, et de l'autre à l'étroitesse relative de leur prison : je veux parler des turbots qui s'élargissent de façon à se rapprocher de la forme circulaire, en même temps qu'ils prennent une épaisseur telle qu'au devant de la naissance de la queue se manifeste un bourrelet adipeux rappelant celui de nos races d'animaux destinés à l'engraissement.

L'ostréiculture fondée sur nos côtes et répandue dans le monde entier, grâce aux persévérants efforts de M. Coste, a vulgarisé les notions de l'histoire naturelle des êtres inférieurs. On sait que les huîtres, placées dans l'eau de mer exposée aux rayons lumineux et contenue dans un espace fermé, ne tardent pas à s'engraisser en même temps que, sous l'influence de molécules verdâtres très-ténues, en suspension dans l'eau, elles prennent, principalement dans leurs branchies, une couleur verte plus ou moins prononcée. Ce phénomène est-il dû à une absorption par les organes digestifs ou seulement par les voies respiratoires, c'est ce qu'il est impossible, dans l'état actuel de nos connaissances, de décider d'une façon positive, mais le fait n'en est pas moins réel et pas moins instructif.

Les moules cultivées sur les vasières de nos côtes acquièrent un accroissement plus considérable et beaucoup plus rapide que dans l'état de nature, et prennent en même temps une finesse de goût très-remarquable.

Dans une ruche, certains alvéoles sont le berceau de la génération future, tandis que les autres, suivant la pittoresque expression de M. Maurice Girard, sont les armoires à provisions. Dans les premiers se trouve le couvain ; chacun d'eux contient un œuf qui doit éclore et donner naissance à une larve d'abeille. Tous ces alvéoles sont d'égale dimension : cependant les ouvrières, d'un commun accord, abattant une, deux, trois cloisons, constituent une cellule plus vaste : c'est un berceau royal ; la larve qui y naîtra sera l'objet des soins et de la sollicitude de toutes les ouvrières ; celles-ci lui apporteront, sans cesse, une pâtée royale qui aura pour résultat d'augmenter notablement les proportions du petit ver et de lui faire subir un développement parfait. Tandis que les petites cellules produiront des ouvrières neutres, c'est-à-dire victimes d'un arrêt de développement, le berceau royal enfantera la mère de la ruche. Seule entre toutes, cette dernière sera capable de donner naissance à une nouvelle génération. Tel est l'effet de la nourriture sur les larves des abeilles que, si les vers voisins de la reine future reçoivent par inadvertance quelques becquées de la pâtée royale, ils en ressentent l'effet pendant toute la durée de leur existence. Quand elles éclosent, les abeilles ont subi un commencement de développement qui les rapproche, par la forme, de la mère du peuple. Dès que celle-ci, du reste, a reconnu chez elles la preuve du larcin dont elle a été victime, elle s'empresse de les immoler.

L'influence des engrais sur la production végétale est trop connue pour que je m'y arrête un instant.

Travail. — Sous le nom de *travail* nous désignons les différents services exigés de nos animaux domestiques. Par exemple, pour la vache qui nous fournit le lait, l'opération du trayage journalier à laquelle on la soumet nous représente son travail.

Chez l'homme, l'influence du travail est manifeste ; non-seulement les os, les muscles, les articulations, se modifient, mais encore la constitution. Au moyen âge, tant que nos pères furent de preux chevaliers, la force corporelle était chez eux très-développée, ainsi que l'on en peut juger par les armures que les siècles ont respectées. A défaut d'éléments pour satisfaire leur esprit guerroyeur, ils s'adonnaient à la chasse, au tournoi, à tous les exercices violents. Lorsqu'ils furent condamnés à l'inaction, ils ne tardèrent pas à s'efféminer, et l'on vit apparaître dans les formes du corps, des extrémités principalement, des modifications qui sont encore de nos jours le témoignage d'une origine aristocratique. A chaque instant, nous assistons indifférents à des transformations non moins surprenantes : le boxeur, par un entraînement méthodique, rend sa chair insensible aux coups les plus violents, le forgeron se crée des biceps afin de mieux forger. Les muscles des jambes et des cuisses se développent chez le coureur et le danseur, ceux du tronc chez le gymnasiarque ; les articulations s'assouplissent et acquièrent une mobilité anormale chez le clown et l'acrobate.

Par contre, l'homme des champs, toujours penché vers le sol, conserve dans la colonne vertébrale la courbure à laquelle l'oblige son travail. Un exemple nous fera comprendre l'influence d'un travail analogue quoique tout passif : Séraphin, qui a amusé toute une génération par son talent à reproduire les scènes de la vie à l'aide des ombres chinoises, était obligé, pour l'exercice de son métier, de rester des journées entières dans un espace si peu élevé, que, bien qu'assis à la façon des tailleurs, il était encore forcé de se courber fortement en avant. Séraphin garda toute sa vie les traces des exigences de sa profession ; il mourut âgé. Sa colonne vertébrale est conservée au musée Dupuytren. Les vertèbres, immobilisées par l'inaction, se sont soudées peu à peu par leur surface externe.

Que d'exemples ne pourrait-on pas citer de l'influence du

travail sur d'autres parties du corps : l'exercice amène la perfection de la vue, le sauvage s'habitue à reconnaître, en appliquant son oreille sur le sol, la nature des bruits les plus éloignés.

Chez le cheval de trait, les muscles de l'encolure et de l'épaule se développent; ce sont au contraire ceux du bras et de la cuisse qui se fortifient chez le cheval de course.

Toutes nos fermières savent qu'en trayant la vache on prolonge chez elle la production du lait longtemps après qu'on l'a privée de son veau. J'aurais pu dire la même chose de la femme ; quand, nourrice, elle vient à tomber malade, le lait se supprime, mais tous les médecins savent que lorsqu'elle se rétablit, par la succion on ramène aisément la sécrétion lactée.

C'est par le travail que l'on constitue des races de chiens propres à garder la maison et à défendre le maître, à poursuivre le gibier en donnant de la voix, à le rechercher par l'odorat ou à le forcer à la course.

Nous trouvons un exemple du travail et de son influence sur les végétaux dans les efforts que doit faire une plante pour vaincre la résistance que l'homme oppose à son développement : la chicorée travaille pour sortir, sous forme de *barbe de capucin*, du tonneau au fond duquel l'enterre le jardinier. Quand on s'oppose au développement dans le sens de la longueur des tubercules de l'igname et qu'on l'oblige à s'étendre en largeur, on lui impose un travail.

En résumé, l'hérédité, les milieux, la nourriture et le travail exercent une action puissante sur toute la série des êtres organisés (1). C'est en combinant ces forces avec méthode.

(1) La culture de l'huître sur les rivages émergents, telle qu'elle est pratiquée, avec succès, à Arcachon, à Marennes, à Oleron, à Fouras, à Auray, à Lorient, à Concarneau, etc., est l'un des plus puissants témoignages de l'influence humaine sur les êtres organisés.

en atténuant l'empire de celle-ci, en augmentant la puissance de celle-là, que l'homme arrive à créer des races d'une grande stabilité, quoique notablement déviées du type primitif. Je ne citerai que l'exemple du bull-dog. Cet animal a été admirablement préparé pour former, comme dit M. P. Pichot : « une mâchoire vivante pour mordre et ne pas lâcher ». Qui n'a vu ces bateleurs lancer leurs bull-dogs sur un tampon qu'on enlève prestement tandis qu'une série de pièces d'artifice éclatent autour de l'animal, sans l'effrayer assez pour lui faire lâcher prise. On raconte qu'on a pu couper les quatre pattes à ces terribles chiens, sans que la douleur les oblige à quitter la victime qu'ils se sont choisie. Le bull-dog, quoique fort dissemblable de nos chiens ordinaires, constitue une race bien fixe, puisqu'il transmet à ses petits ses propres caractères : sa mâchoire colossale et sa queue atrophiée et cassée.

Il nous reste maintenant à indiquer les connaissances complémentaires qui sont nécessaires à l'éleveur pour arriver, avec les forces modificatrices, à la création des races domestiques.

Nous voulons parler de ces deux facultés propres à tout être organisé : l'innéité et l'atavisme.

L'*innéité* est la faculté qu'ont deux individus semblables d'engendrer un produit présentant des qualités bonnes ou mauvaises autres que les leurs. On comprend le parti que l'homme peut tirer de l'innéité pour la création des races. Je n'en citerai qu'un exemple : M. Graux, de Mauchamp, cultivateur qui joignait à une profonde érudition un esprit d'observation remarquable et une patience à toute épreuve, sut découvrir dans un agneau mâle, difforme et malingre, né dans son troupeau, des qualités de finesse de laine extraordinaires ; appliquant avec talent les lois de la zootechnie, qu'il avait apprises dans le grand livre de la nature, il créa, après dix-sept ans d'efforts soutenus, la plus riche et la plus soyeuse de nos laines indigènes.

L'atavisme, par contre, est la faculté par laquelle un être vivant reproduit des qualités qu'il tient, non de ses ascendants directs, mais de ses grands parents ou de ses aïeux. L'atavisme lutte avec la fixité de l'espèce contre la domestication ; il faudra donc en tenir compte dans les difficultés que rencontrera la création des races.

Création des races naturelles et artificielles. — Pour compléter ce travail, il nous reste à démontrer comment on peut arriver à formuler, en les tirant de la saine observation des faits, les lois qui régissent la création des races.

M. Richard, du Cantal, dans tous ses travaux de zootechnie, a distingué, au point de vue de l'éleveur, les races en *naturelles et artificielles*. Les premières sont formées par les siècles et composées d'individus qui, quoique domestiques, ne doivent rien à l'art actuel, pour la conservation de leur type qu'ils tiennent de la nature du lieu qu'ils habitent, c'est-à-dire de l'influence du climat, de la nourriture et du travail auxquels ils sont soumis, soit pour rechercher leurs aliments, soit pour satisfaire à leurs autres besoins. L'hérédité reste ici en dehors, parce qu'il ne s'agit que d'une réunion d'animaux semblables. L'homme n'intervient donc dans la création des races naturelles que par le seul fait d'importation des animaux (1).

Les races sont artificielles pour M. Richard, du Cantal, parce qu'elles ont été soustraites aux influences atmosphériques. On peut dire que l'homme les fabrique de toutes pièces : en choisissant les parents, en les accouplant à son gré,

(1) Comme exemple de races chevalines naturelles, nous citerons les races percheronne, franc-comtoise, bretonne, etc.

en leur formant un milieu artificiel, en leur imposant une nourriture préparée, et en les obligeant à un travail destiné à favoriser le développement de telle ou telle partie du corps.

Cette définition conduit à admettre que les races artificielles ne sont durables qu'à la condition de subir sans cesse l'action de l'homme. Cependant il serait difficile de ne pas admettre que par la durée du temps elles tendent à acquérir des caractères fixes, ou tout au moins des caractères qui ne pourraient disparaître que par une longue suite d'années, de siècles peut-être ; telle est notre race de mérinos si répandue dans toutes nos provinces.

Le cheval arabe semble être l'origine de nos races chevalines, mais ce n'est que par une série d'étapes rapprochées et caractérisées, pour ainsi dire, à chaque fois, par une acclimatation nouvelle, que ce cheval a pu se domestiquer jusque dans les régions les plus froides. C'est ainsi du reste qu'il faut procéder dans les travaux d'acclimatation, et l'on ne doit pas espérer qu'il suffise, pour doter son pays d'une espèce d'animaux exotiques, d'en importer un plus ou moins grand nombre d'individus et de les rendre à la liberté ; car si le milieu et la nourriture ont été trop rapidement changés, les animaux ne tardent pas à périr.

Comment le cheval arabe a-t-il pu former notre cheval normand ? Pour l'expliquer, il conviendrait de fixer par une loi précise l'influence sur l'organisme des quatre forces modificatrices. C'est ce que ne nous permet pas l'état actuel de nos connaissances. Cependant il est facile d'entrevoir que l'hérédité agit principalement sur la totalité de l'organisme ; les milieux sur les organes de protection, la peau et le cuir avec toutes les fonctions physiologiques qui s'y rattachent ; la nourriture sur le développement général, et le travail sur les organes de locomotion.

Transporté en Normandie, le cheval s'est trouvé dans un milieu froid et humide ; le cuir a dû subir un développement plus considérable, il est devenu, pour protéger l'animal contre le froid, plus épais, plus grossier, le poil s'est fait plus dur et plus long ; cependant la nourriture plus abondante a obligé les organes de la digestion à prendre de plus grandes proportions, et les cavités qui les contiennent s'en sont ressenti elles-mêmes. L'animal, rencontrant aisément et à chaque pas une nourriture abondante, ne s'est pas vu condamné, comme dans son pays, à parcourir quelquefois de vastes étendues pour trouver un maigre pâturage ; les muscles presque inactifs et plus copieusement nourris se sont épaissis, et les os destinés à les supporter ont pris eux-mêmes un développement plus grand. Si l'on joint à cela l'hérédité agissant dans ce cas d'une façon doublement énergique, puisque les parents avaient subi les mêmes modifications, on comprendra comment les chevaux arabes, soumis pendant une longue suite d'années aux mêmes conditions et à l'influence des mêmes forces, ont fini par se constituer en race naturelle normande, caractérisée par les larges dimensions et la puissance de la structure.

Prenons comme exemple de race artificielle le cheval de course. Pour bien comprendre la création de cette race, il est nécessaire de posséder quelques notions anatomiques et physiologiques, bases de la zootechnie, science qui traite de la conformation, de la structure et des fonctions des animaux, au point de vue des services qu'ils sont appelés à nous rendre. Dans un cheval d'hippodrome, les membres, par leur conformation, doivent se rapprocher de ceux des animaux les mieux constitués pour la vitesse. L'épaule doit être longue et oblique : longue pour que les muscles qui la forment avec l'omoplate soient doués de contractions plus étendues ; oblique parce que plus la pointe de l'épaule est dirigée en avant, plus le bras, dans l'action, peut parcourir d'espace et gagner de terrain. La cuisse peut être comparée à l'épaule ; elle est, comme cette dernière, dirigée d'arrière en avant ; de cette corrélation de direction et d'action, il résulte que la cuisse du cheval de course doit présenter, comme l'épaule, les qualités de longueur et d'obliquité. L'avant-bras et la jambe doivent être longs pour que l'extrémité du membre soit portée plus en avant ; la tête petite ; les naseaux largement ouverts ; la poitrine profonde ; le ventre enfin doit contenir des intestins de petit volume. Peu importe que l'animal ait l'air efflanqué s'il est moins pesant.

Supposons qu'un éleveur veuille, à l'aide des chevaux normands, créer un animal de course, son premier soin sera de choisir des parents se rapprochant, par leurs formes, du type dont nous parlions tout à l'heure ; le poulain présentera à un plus haut degré les qualités de ses ascendants ; nourri dans les conditions habituelles des normands, il ferait un cheval de vitesse, mais qui ne ressemblerait pas encore à nos chevaux de course, il s'agit de lui donner la légèreté des membres, la douceur du poil, la finesse de la peau et l'irritabilité du tempérament ; c'est par le milieu, la nourriture et le travail qu'on obtiendra ces résultats. Une écurie chaude, à température constante, préservera l'animal des atteintes du froid ; des couvertures de laine garantiront son corps ; des bandes de flanelle entoureront ses membres ; une nourriture choisie, excitante, présentant sous un petit volume des aliments substantiels, donnera de la force aux muscles, tandis que les intestins rencontrant peu d'éléments étrangers à la nutrition et destinés à être rejetés, se rétréciront sous l'influence de leur inaction. Chaque jour, enfin, un exercice méthodique apprendra à l'animal à fournir une coursrapide, mais de durée très-limitée. Si l'on a eu soin de soumettre à ce régime un cheval à tempérament nerveux, au caractère irascible, on aura fait un cheval de course.

C'est en mettant en pratique les notions de la zootechnie sur nos races bovines et ovines que l'on peut faire des animaux de boucherie, de travail et de production. Il suffit souvent pour cela d'avoir à sa disposition un type, que celui-ci existe en réalité, ou qu'on le trouve dans une description exacte faite par un homme compétent. Voici, suivant M. Richard, du Cantal, le type du cheval de guerre : « Une des premières qualités du cheval de troupe c'est d'être froid et de ne pas dépenser à propos de rien en fanfaronnade le fond qui lui reste pour une meilleure occasion. S'il faut qu'il ait le plus possible de sang de bonne nature, il doit être calme, peu irritable et toujours dispos. Il faut que le cavalier le retrouve quand il en a besoin, sans cela c'est un mauvais type de guerre, ce n'est qu'un cheval de parade (1). »

L'une des principales conditions à remplir avant de s'occuper de la création des races est de s'assurer si le milieu, la nourriture et le travail ne sont pas diamétralement opposés aux conditions dans lesquelles vit l'animal que l'on prend pour étalon. Croiser la petite vache de Bretagne avec le grand taureau de la Suisse, la jument de la Camargue avec l'étalon de la Normandie, c'est vouloir arriver à des résultats négatifs.

D'un autre côté, tous les animaux ne présentent pas les mêmes prédispositions. Si l'on veut obtenir des bœufs pour l'engraissement, il faut d'abord qu'un choix méthodique désigne les animaux naturellement plus aptes à prendre du poids. « Un bœuf qui a la tête petite, effilée, l'œil grand,

(1) A. Richard, du Cantal, *Étude du cheval de service et de guerre*, p. 428.

bien ouvert, l'oreille fine, amincie, souple, très-mobile, couverte de poils rares et soyeux; la corne blanche ou noire, composée de fibres fines, serrées et compactes, aura généralement l'encolure amincie, le fanon rudimentaire ou nul, la peau mince, souple, moelleuse, bien détachée des tissus sous-jacents et le poil court et fin; sa queue et ses extrémités seront minces, fines; ses tendons seront bien marqués sous la peau; si avec ces caractères l'animal a le dos et les reins larges et droits, la côte arrondie, les épaules bien musclées, la croupe large, charnue, les cuisses et les fesses bien descendues, le jarret bas et les membres courts, il aura le caractère d'un sujet d'une bonne nature et d'un engraissement facile (1). »

Ce bœuf étant choisi, on l'enferme dans une étable où il trouve la température, le calme et le demi-jour qui lui conviennent; on lui présente, à des heures réglées, une nourriture saine, variée, abondante; on mesure exactement le liquide qu'il doit absorber; et, par ces soins, on obtient un animal gras et pesant.

Pour faire un bœuf de travail on choisit des parents fortement musclés, au col court et puissant, les produits qu'ils donnent sont élevés en plein air et obligés à des travaux pénibles.

L'homme, en résumé, peut donner aux animaux tous les caractères qu'il lui plaît, créer toutes les races nécessaires à ses besoins; mais il doit baser ses expériences sur la zootechnie. Cette science, de date récente, est due surtout aux travaux pratiques des Bakwell et Collins, en Angleterre, et de Daubenton, en France. On sait en effet que celui-ci, interrogé par Trudaine, alors ministre, au sujet de l'introduction du mé-

(1) A. Richard, du Cantal, *Dictionnaire raisonné d'agriculture*, t. Ier, p. 492.

rinos dans notre pays, répondit qu'il se chargeait de créer cette race, et dix années lui suffirent pour réaliser sa promesse. En Angleterre la zootechnie pratique est beaucoup plus avancée que chez nous; nos voisins, par un élevage méthodique, prolongé, coûteux d'abord, mais productif dans la suite, sont arrivés à créer des races de bœufs, de chevaux, de brebis, de chiens, de volailles, admirablement disposées pour le but auquel on les destine.

Par des croisements inconsidérés, nous avons en France mélangé les races. « Le hasard, l'ignorance, ont contribué à mêler les races qui auraient dû rester distinctes », dit M. Ivart dans la *Maison rustique*. A propos du cheval pur sang que nous avons introduit dans toutes nos provinces, aussi bien dans les mauvais pays que dans les bons, dans les sols incultes que dans les mieux cultivés, M. Richard, du Cantal, s'écrie : « C'est un contre-sens dont notre agriculture a été victime, dont elle a payé les frais par l'abâtardissement de ses espèces légères. »

Des expériences nombreuses ont en effet démontré que le croisement de deux races à caractères opposés donnait souvent des produits moins parfaits que les parents. On croirait presque que les qualités acquises par les individus et qui constituent le caractère des races s'anéantissent réciproquement pour ne laisser reparaître que le type originel. Nombre de fois nos éleveurs ont dû regretter d'avoir croisé leurs races avec des animaux qui ne convenaient ni à leur culture ni aux ressources dont ils pouvaient disposer.

L'observation de ces faits a conduit certains savants à dire : « On peut bien transporter des individus, mais on ne transporte pas une race, il faudrait pour cela transporter avec elle le ciel, l'air, le sol, les eaux, les herbages. Par le croisement on obtient des effets immédiats, mais incomplets, mais éphémères, on crée des produits, on ne fonde pas une race (1). »

Cette assertion est fort juste et démontrée par les faits : les animaux que les Européens introduisirent en Amérique ne tardèrent pas à se rapprocher de l'état sauvage, et à constituer une race nouvelle dite *race marrone*. M. Roulin a décrit le retour du cochon à l'état libre : la tête grossit, les défenses s'allongent, les oreilles se redressent, le poil durcit et se colore, il prend même une teinte noire que l'on ne rencontre chez aucun sanglier. Privées de culture, nos plantes de jardins reprennent leurs dimensions, leurs formes et leurs couleurs premières ; le pommier et le poirier retrouvent leurs piquants à mesure qu'ils perdent leurs fruits savoureux.

Ainsi tous les animaux domestiques tendent à revenir à leur type primitif dès que l'homme les abandonne, tant il est vrai que la nature cherche toujours à reprendre ses droits. Ne devons-nous pas voir là un nouveau témoignage de la loi qui condamne l'homme au travail ? En exil sur la terre, il appelle à lui tous les êtres qui l'entourent, pour l'aider à lutter contre les causes innombrables de destruction qui l'assiégent ; il asservit les animaux et transforme les végétaux ; mais si, content de son œuvre, après avoir travaillé six jours, il veut, à l'image de son Dieu, se reposer le septième, tous ses travaux s'écroulent, il faut recommencer !

(1) Béclard, *Éléments de Physiologie*, p. 983.

Paris. — Imprimerie de E. MARTINET, rue Mignon, 2.

www.ingramcontent.com/pod-product-compliance
Ingram Content Group UK Ltd.
Pitfield, Milton Keynes, MK11 3LW, UK
UKHW021038180726
13838UKWH00004B/1878